Smn 171-14

Vogler H.

Über die pseudorektifizierenden Torsen von Raumkurven

Von

Hans Vogler

Assistent am I. Institut für Geometrie der Technischen Hochschule in Wien

(Mit 2 Abbildungen)

Aus den
Sitzungsberichten der Österreichischen Akademie der Wissenschaften
Mathem.-naturw. Klasse, Abteilung II, 171. Bd., 5. bis 8. Heft, 1962

1963

Springer-Verlag Wien GmbH

ISBN 978-3-662-22914-9   ISBN 978-3-662-24856-0 (eBook)
DOI 10.1007/978-3-662-24856-0

Die in den Sitzungsberichten Abt. I und Abt. II der math.-nat. Klasse der Österr. Akad. d. Wiss. erscheinenden Abhandlungen werden auch einzeln abgegeben. Sie können durch jede Buchhandlung oder direkt durch die Auslieferungsstelle der Österreichischen Akademie der Wissenschaften (Wien I, Singerstraße 12) bezogen werden.

Nachfolgende Abhandlungen aus den Fächern **Mathematik** und **Technik** sind erschienen:

1950 (1950) (S II a, Bd. 159):

Hohenberg F.: Zur Geometrie des Funkmeßbildes (mit 2 Abbildungen). 14 Seiten. S 12.40
Jarosch W.: Matrizenbänder, 14 Seiten. S 5.20
Schmid H.: Fehlertheorie der gegenseitigen Orientierung von Luftbildern und Zugrundelegung eines Orientierungspunktgitters (mit 13 Abbildungen), 31 Seiten. S 28.40

1951 (S II a, Bd. 160):

Hohenberg F.: Komplexe Erweiterung der gewöhnlichen Schraubenlinie (mit 1 Abbildung), 14 Seiten. S 7.80
Huber A.: Das Verhalten der Integrale der Gibbs-Duhem-Margules'schen Gleichung für binäre Gemische in der Umgebung ihrer festen singulären Stellen (mit 3 Abbildungen), 16 Seiten. S 10.50
Krames J.: Zur Geometrie der gegenseitigen Einpassung von Luftaufnahmen (mit 4 Abbildungen), 15 Seiten. S 7.--
Parkus H.: Wärmespannungen in Rotationsschalen mit drehsymmetrischer Temperaturverteilung (mit 1 Abbildung), 13 Seiten. S 7.50
Ströher W.: Zur projektiven Differentialgeometrie ebener Kurven, 8 Seiten. S 6.—
Wunderlich W.: Zur Differenzengeometrie der Flächen konstanter negativer Krümmung (mit 8 Abbildungen), 38 Seiten. S 16.—

1952 (S II a, Bd. 161):

Federhofer K.: Über die Eigenschwingungen der Kreiszylinderschale mit veränderlicher Wandstärke 16 Seiten. S 14.80

1953 (S II a, Bd. 162):

Nöbauer W.: Über Gruppen von Restklassen nach Restpolynomidealen. S 19.40
Vietoris L.: Der Richtungsfehler einer durch das Adamssche Interpolationsverfahren gewonnenen Näherungslösung einer Gleichung $y' = f(x, y)$. S 8.80
Vietoris L.: Der Richtungsfehler einer durch das Adamssche Interpolationsverfahren gewonnenen Näherungslösung eines Systems von Gleichungen $y' = f_k(x, y_1, y_2 \ldots y_m)$. S 8.80
Wunderlich W.: Über die ebenen Loxodromen (mit 2 Abbildungen). S 6.30

1954 (S II, Bd. 163):

Federhofer K.: Die durch pulsierende Axialkräfte gedrückte Kreiszylinderschale. S 13.40
Raher W. und Seilg F.: Die Verwendung der Motorsymbolik in der theoretischen Mechanik. S 17.80

1955 (S IIa, Bd. 164):

Federhofer K.: Zur Kinematik des Schleifkurvengetriebes (mit 5 Abbildungen). S 11.—
Ströher W.: Über einen gewissen Typus von Differentialinvarianten der projektiven und der apollonischen Gruppe der Ebene. S 28.40
Wunderlich W.: Doppelloxodromen mit schneidendem Achsenpaar (mit 6 Abbildungen). S 22.50

Über die pseudorektifizierenden Torsen von Raumkurven

Von

Hans Vogler

Assistent am I. Institut für Geometrie der Technischen Hochschule in Wien

(Mit 2 Abbildungen)

(Vorgelegt in der Sitzung am 25. Jänner 1962)

1.

Die geodätischen Linien einer krummen Fläche Φ sind bekanntlich dadurch ausgezeichnet, daß ihre Schmiegebenen auf den Tangentialebenen τ von Φ in den zugehörigen Kurvenpunkten normal stehen. Eine interessante Verallgemeinerung bilden jene Kurven von Φ, deren Schmiegebenen gegen die Tangentialebenen τ unter einem konstanten Winkel φ geneigt sind. W. Wunderlich untersuchte als erster die zuletzt genannten Kurven in zwei Arbeiten ([1], [2]) und nannte sie pseudogeodätisch.

In der vorliegenden Arbeit sollen die pseudorektifizierenden Torsen einer Raumkurve k näher untersucht werden, nämlich alle durch k legbaren Torsen, auf welchen k eine pseudogeodätische Kurve ist. Jede solche Torse wird von solchen Tangentialebenen von k umhüllt, die gegen die Schmiegebene der Kurve k unter einem festen Winkel geneigt sind. Jede Raumkurve besitzt demnach ∞^1 pseudorektifizierende Torsen. Unter diesen befinden sich die Tangentenfläche von k ($\varphi = 0$) und die rektifizierende Torse von k ($\varphi = \pi/2$) als Sonderfälle.

2.

Wir geben die Kurve k, deren pseudorektifizierende Torsen bestimmt werden sollen, durch eine auf ihre Bogenlänge s bezogene Parameterdarstellung

$$\mathfrak{x} = \mathfrak{x}(s) \tag{1}$$

an. Die ebenfalls in Abhängigkeit von der Bogenlänge s angenommenen Vektoren des begleitenden Dreibeins $\mathfrak{D}(s)$ von k bezeichnen wir mit $\mathfrak{t}(s)$, $\mathfrak{h}(s)$ und $\mathfrak{b}(s)$; ferner seien Krümmung (= Flexion), Windung (= Torsion) bzw. konische Krümmung durch $\varkappa(s)$, $\tau(s)$ bzw. $\varkappa_2(s) = \dfrac{\tau(s)}{\varkappa(s)}$ festgelegt.

In engem Zusammenhang mit den differentialgeometrischen Eigenschaften von k steht die Bewegung ihres begleitenden Dreikants $\mathfrak{D}(s)$. Der Dreikantscheitel P durchläuft hiebei die Kurve k und die Vektoren $\mathfrak{t}(s)$, $\mathfrak{h}(s)$ und $\mathfrak{b}(s)$ bestimmen in jeder Lage Tangente, Haupt- und Binormale von k. Wie jede Raumbewegung läßt sich auch die Bewegung des begleitenden Dreikants, die wir in Hinkunft kurz Dreikantbewegung $\mathfrak{T}$ von k nennen wollen, in jedem Augenblick durch die berührende Schraubung $\mathfrak{S}(s)$ ersetzen. Wird eine Ebene einer Schraubung unterworfen, so umhüllt sie bekanntlich eine Schraubtorse, deren Erzeugenden als Schraubtangenten des Gratpunktes dem Bahntangentenkomplex der Schraubung angehören. Daraus folgt:

Jede mit dem begleitenden Dreibein $\mathfrak{D}(s)$ einer Kurve k starr verbundene Ebene α umhüllt bei der Dreikantbewegung $\mathfrak{T}$ eine Torse T_α, deren Erzeugende a_s Bahntangente eines ihrer Punkte A_s ist. Wird eine dieser Geraden a_s als mit der zugehörigen Lage des begleitenden Dreikants $\mathfrak{D}(s)$ fest verbunden angesehen, so übersetzt sie im betreffenden Augenblick auf ihrer Bahnstrahlfläche Φ_{a_s} eine Torsallinie, deren Torsalebene mit der betreffenden Lage der Ebene α übereinstimmt.

Dieser Sachverhalt soll nun für die Ebenen, welche die pseudorektifizierenden Torsen umhüllen, noch näher erörtert werden. Es sei Γ_φ die pseudorektifizierende Torse, die die Tangentenfläche von k unter dem festen Winkel φ durchsetzt. Der Normalvektor $\mathfrak{N}$ ihrer Tangentialebene ρ ist durch

$$\mathfrak{N} = -\sin\varphi \cdot \mathfrak{h} + \cos\varphi \cdot \mathfrak{b} \qquad (2)$$

gegeben (Abb. 1). Um die Erzeugende e_s von Γ_φ festzulegen, leiten wir die Gleichung von ρ

$$(\mathfrak{X} - \mathfrak{x}(s)) \cdot (-\sin\varphi \cdot \mathfrak{h} + \cos\varphi \cdot \mathfrak{b}) = 0 \qquad (3)$$

einmal nach der Bogenlänge s ab und erhalten:

$$(\mathfrak{X} - \mathfrak{x}(s)) \cdot (\varkappa \cdot \sin \varphi \cdot \mathfrak{t} - \tau \cdot \mathfrak{N}^*) = 0 \qquad (3')$$

wobei

$$\mathfrak{N}^* = \cos \varphi \cdot \mathfrak{h} + \sin \varphi \cdot \mathfrak{b} \quad \text{und} \quad \mathfrak{t} \times \mathfrak{N}^* = \mathfrak{N} \qquad (3'')$$

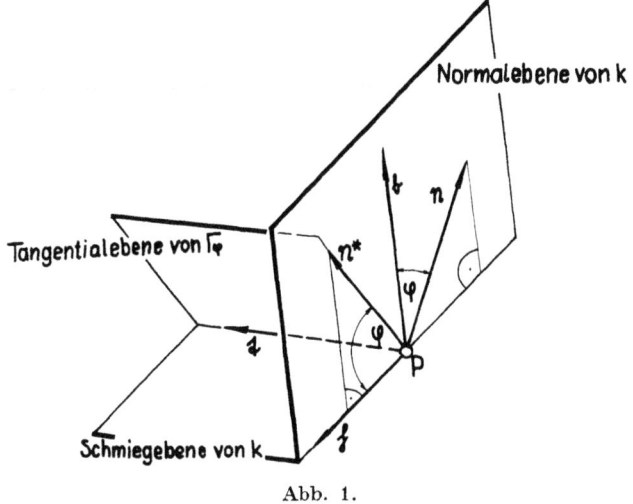

Abb. 1.

ist. Ein Vektor $\mathfrak{E}$ in Richtung der Erzeugenden e_s ist durch das äußere Produkt

$$\mathfrak{E} = \frac{1}{\tau}[\mathfrak{N} \times (\varkappa \sin \varphi \cdot \mathfrak{t} - \tau \cdot \mathfrak{N}^*)] = \mathfrak{t} + \frac{\varkappa}{\tau} \sin \varphi \cdot \mathfrak{N}^* \qquad (4)$$

gegeben, wobei

$$\mathfrak{E}^2 = 1 + \frac{\varkappa^2}{\tau^2} \cdot \sin^2 \varphi \qquad (5)$$

gilt. Die Erzeugende e_s hat demnach die Parameterdarstellung:

$$\mathfrak{X} = \mathfrak{x}(s) + \lambda \mathfrak{E}(s). \qquad (6)$$

Da die Tangentialebenen ϱ einer pseudorektifizierenden Torse Γ_φ bei der Dreikantbewegung $\mathfrak{T}$ im Dreikant festbleiben, gilt auf Grund des vorhin abgeleiteten Satzes:

Jede Erzeugende e_s einer pseudorektifizierenden Torse Γ_φ ist im betreffenden Augenblick Tangente der Bahn eines ihrer Punkte und überstreicht als mit $\mathfrak{D}(s)$ starr verbundene Gerade auf ihrer Bahnstrahlfläche $\Phi(e_s)$ eine Torsallinie, deren Torsalebene mit der jeweiligen Tangentialebene ϱ der pseudorektifizierenden Torse Γ_φ übereinstimmt.

Da die Erzeugende e_s von Γ_φ in jedem Augenblick dem Tangentenkomplex der jeweils berührenden Schraubung $\mathfrak{S}(s)$ angehört, gilt:

Die von einem beliebigen Punkt P der Grundkurve k ausgehenden Erzeugenden e_s der pseudorektifizierenden Torsen Γ_φ von k liegen auf einem orthogonalen Kegel. Seine Gleichung lautet in einem durch das begleitende Dreibein $\mathfrak{D}(s)$ bestimmten kartesischen Koordinatensystem:

$$x_2(x_2^2 + x_3^2) = x_1 x_3. \tag{8}$$

Dieser Kegel ist symmetrisch zur $x_1 x_3$-Ebene (= rektifizierende Ebene von k) und enthält die Tangente t (= Erzeugende der Tangentenfläche) und eine zum Darbouxschen Vektor parallele Gerade (= Erzeugende der rektifizierenden Torse) als Scheitelerzeugende.

Naheliegend ist die Frage, ob es pseudorektifizierende Torsen gibt, deren Erzeugenden im Dreibein $\mathfrak{D}(s)$ festbleiben. Wir stoßen hier auf eine mit den Cesárokurven (vgl. [3], [4] und [5]) verwandte Problemstellung. Sammelt man die durch (8) dargestellten Kegel in irgendeiner bestimmten Lage des Dreibeins $\mathfrak{D}(s)$, so erhält man i. a. ein Büschel von orthogonalen Kegeln, die die $x_1 x_2$-Ebene längs der x_1-Achse berühren und in der $x_2 x_3$-Ebene die beiden isotropen Geraden

$$x_2 = \pm i x_3 \tag{9}$$

enthalten. Diese Geraden überstreichen bei der Dreibeinbewegung $\mathfrak{T}$ pseudorektifizierende Torsen von k. Da jede die Ausgangskurve k enthaltende Torse, deren Erzeugenden vermöge $\mathfrak{T}$ ineinander übergehen, pseudorektifizierende Torse von k ist, haben wir durch die vorangegangenen Betrachtungen einen bekannten Sachverhalt bestätigt, nämlich den Satz, daß die Kurventangente und zwei in der Normalebene der Kurve liegende isotrope Geraden i. a. die einzigen durch den Dreikantscheitel gehenden und im Dreikant festen Geraden sind, die bei der Dreikantbewegung $\mathfrak{T}$ Torsen überstreichen ([4], S. 523). Wir erkennen hier überdies, daß die Ausgangskurve k auf ihnen pseudogeodätisch ist.

Eine Ausnahme stellt sich nur für Böschungslinien ein, denn dann sind wegen $\varkappa_2 = konst.$ die durch (8) dargestellten Kegel kongruent; und zwar gehen sie durch die Dreikantbewegung $\mathfrak{T}$ ineinander über. Die Böschungslinien sind somit die einzigen Raumkurven, bei denen die Erzeugenden ihrer pseudorektifizierenden Torsen im Dreibein $\mathfrak{D}(s)$ der Grundkurve k feste Gerade sind. Damit sind wir im wesentlichen auf ein von P. Appell [6] stammendes Ergebnis gestoßen, das besagt, daß es genau bei den Böschungslinien einen orthogonalen Kegel von durch den Dreikantscheitel gehenden Geraden gibt, die bei der Dreikantbewegung $\mathfrak{T}$ Torsen überstreichen. Ihre Gratlinien sind ebenfalls Böschungslinien. Aus dem Vorhergehenden folgt:

Gibt es eine pseudorektifizierende Torse einer Raumkurve k, die weder isotrop noch die Tangentenfläche von k ist, und sind deren Erzeugenden mit dem begleitenden Dreikant $\mathfrak{D}(s)$ von k starr verbunden, so ist die Ausgangskurve k eine Böschungslinie.

Diese Ergebnisse werden bestätigt, wenn man den Winkel ψ berechnet, den die Erzeugende e_s der pseudorektifizierenden Torse Γ_φ mit der Kurventangente t einschließt. Man erhält gemäß (4):

$$\varkappa_2 \cdot \tan \psi = \sin \varphi. \tag{10}$$

Dieses Resultat ist insofern bemerkenswert, als es zeigt, daß die konische Krümmung $\varkappa_2$ der Pseudogeodätischen eines Kegels oder einer Torse nur von den beiden Winkeln abhängt, unter denen ihre Tangente t die Erzeugende e_s bzw. ihre Schmiegebene σ die Tangentialebene ρ des Kegels bzw. der Torse durchsetzt. Dieser Sachverhalt läßt sich auch durch kinematische Überlegungen herleiten. Der Richtkegel Θ_φ^* der pseudorektifizierenden Torse Γ_φ einer Raumkurve k mit dem Richtkegel Θ^* ist ein Evolutoidenkegel von Θ^*, da jede Tangentialebene σ^* von Θ_φ^* die zugehörige Tangentialebene ρ^* von Θ^* längs ihrer Berührerzeugenden mit Θ^* unter dem konstanten Winkel φ durchsetzt. Die Erzeugende m des Evolutenkegels $\Theta^*_{\pi/2}$ von Θ^* schließt mit der zugehörigen Erzeugenden von Θ^* einen durch $\cotg \gamma = \varkappa_2$ bestimmten Winkel ein. Da die Gerade m

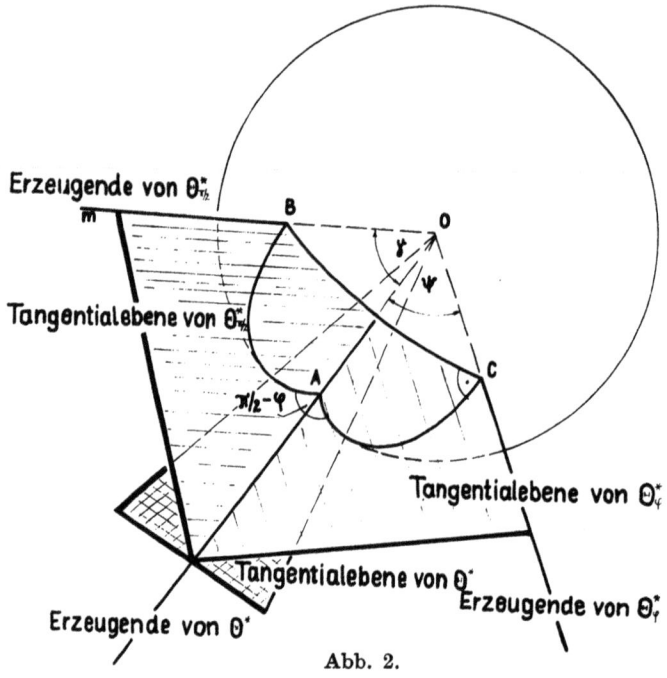

Abb. 2.

Momentandrehachse für das „Gleiten der Tangentialebene längs des Kegels Θ^*" ist, liegt die Erzeugende von Θ^*_φ in der aus m auf σ^* gefällten Normalebene. Aus dem rechtwinkeligen sphärischen Dreieck ABC erhält man neuerlich Gleichung (10) (Abb. 2).

3.

Aus dem vorangegangenen Abschnitt folgt insbesondere unter Verwendung von (4), daß die Gratlinien der pseudorektifizierenden Torsen der Grundkurve k durch

$$\mathfrak{y}(s) = \mathfrak{x}(s) + \lambda(s) \cdot \mathfrak{E}(s) = \mathfrak{x}(s) + \lambda(s) \left[\mathfrak{t}(s) + \frac{\varkappa}{\tau} \sin \varphi \left(\cos \varphi \cdot \mathfrak{h} + \sin \varphi \cdot \mathfrak{b} \right) \right] \quad (11)$$

gegeben sind, wobei s die Bogenlänge auf k bedeutet. Das zum Gratpunkt G_s gehörende $\lambda(s)$ ist durch die Bedingung: $\mathfrak{y}'(s)$ proportional $\mathfrak{E}(s)$ bestimmt. Dies ergibt ausgewertet:

$$\lambda(s) = \frac{\varkappa_2 \sin\varphi}{\varkappa \cos\varphi \, (\varkappa_2^2 + \sin^2\varphi) - \varkappa_2' \cdot \sin\varphi}. \tag{12}$$

Als Sonderfälle seien angeführt:

1. $\varphi = 0$: Tangentenfläche von k, $\lambda = 0$,
2. $\varphi = \pi/2$: rektifizierende Torse von k, $\lambda = -\dfrac{\varkappa_2}{\varkappa_2'}$. (12a)

Ist die konische Krümmung $\varkappa_2$ in einem Punkt der Kurve k stationär oder überhaupt längs k konstant, so gilt $\left(\dfrac{\varkappa}{\tau}\right)' = 0$ und (12) nimmt die Form an:

$$\lambda(s) = \frac{\varkappa_2 \sin\varphi}{\varkappa \cos\varphi \, (\varkappa_2^2 + \sin^2\varphi)}. \tag{12b}$$

In Abschnitt 2 haben wir gezeigt, daß die Erzeugende e_s einer pseudorektifizierenden Torse, wenn sie mit dem begleitenden Dreibein $\mathfrak{D}(s)$ von k starr verbunden bleibt, im betreffenden Augenblick eine Torsallinie ihrer Bahnstrahlfläche $\Phi(e_s)$ überstreicht. Um den Kuspidalpunkt G_{1s} auf e_s zu bestimmen, haben demnach in (11) $\varkappa_2$ als konstant anzusehen; der Kuspidalpunkt G_{1s} wird demnach durch das vermöge (12b) ermittelte λ_1 dargestellt. Damit haben wir den folgenden Satz erhalten:

Der Gratpunkt G_s auf der Erzeugenden e_s einer pseudorektifizierenden Torse Γ_φ einer beliebigen Kurve k stimmt genau dann mit dem auf der Bahnstrahlfläche von e_s liegenden Kuspidalpunkt G_{1s} überein, wenn in dem auf e_s liegenden Punkt P der Grundkurve k die konische Krümmung $\varkappa_2$ stationär bleibt, was im Gesamtverlauf nur für Böschungslinien gilt.

Der Abstand des Punktes P der Ausgangskurve k von dem auf e_s liegenden Gratpunkt G_s ist durch

$$d = \lambda\,|\mathfrak{E}| = \frac{\sin\varphi \cdot (\varkappa_2^2 + \sin^2\varphi)^{1/2}}{\varkappa \cos\varphi \, (\varkappa_2^2 + \sin^2\varphi) - \varkappa_2' \sin\varphi} \tag{13}$$

bestimmt, was vermöge (10) die Form

$$d = \frac{\varkappa_2 \cdot \sin \psi}{\tau \cos \varphi - \varkappa_2' \sin \psi \cdot \cos \psi} \qquad (14)$$

annimmt. Für Böschungslinien und für den auf e_s liegenden Kuspidalpunkt G_{1s} von $\Phi(e_s)$ gilt $\varkappa_2' = 0$, was folgende Vereinfachung von (13) bzw. (14) nach sich zieht:

$$d_1 = \frac{\sin \varphi}{\varkappa \cos \varphi \cdot (\varkappa_2^2 + \sin^2 \varphi)^{1/2}} \qquad (13\mathrm{a})$$

$$d_1 = \frac{\sin \psi}{\varkappa \cdot \cos \varphi}. \qquad (14\mathrm{a})$$

Aus (14) und (14a) erhält man die folgende Beziehung für die Abstände der Punkte G_s und G_{1s} vom Kurvenpunkt P:

$$\frac{1}{d} - \frac{1}{d_1} = -\frac{\varkappa_2'}{\varkappa_2} \cdot \cos \psi. \qquad (15)$$

Folgerungen:

a) Die Frage nach Raumkurven, bei denen die Gratpunkte G_s ihrer pseudorektifizierenden Torsen (und damit auch deren Erzeugenden) mit dem begleitenden Dreibein $\mathfrak{D}(s)$ der Grundkurve k starr verbunden sind, führt wegen (10) auf $\varkappa_2 = konst.$ und weiters wegen (14) auf $\varkappa = konst.$ Die gewöhnlichen Schraublinien sind demnach die einzigen Raumkurven, deren pseudorektifizierenden Torsen im begleitenden Dreikant der Ausgangskurve feste Gratpunkte besitzen.

b) Eine durch die Grundkurve k gehende pseudorektifizierende Torse artet zu einem (pseudorektifizierenden) Zylinder aus, wenn der Gratpunkt G_s unendlich fern wird. Die Bedingung ist dafür wegen (12) durch $\varkappa \cdot \cos \varphi (\varkappa_2^2 + \sin^2 \varphi) - \varkappa_2' \sin \varphi = 0$ gegeben. Eine leichte Umformung führt auf die von W. Wunderlich in [1], S. 69 angegebene „natürliche Differentialgleichung" der Pseudogeodätischen auf Zylinderflächen:

$$\varkappa_2' = \varkappa \cot \varphi \, (\varkappa_2^2 + \sin^2 \varphi). \qquad (13\mathrm{b})$$

c) Eine durch die Grundkurve k gehende pseudorektifizierende Torse wird zu einem (pseudorektifizierenden) Kegel, wenn für

alle Erzeugenden e_s die Gratpunkte G_s übereinstimmen.
Die Bedingung hiefür ist:

$$[\mathfrak{x}(s) + \lambda(s)\,\mathfrak{E}(s)]' = 0,$$

wobei $\lambda(s)$ durch (12) bestimmt ist. Die Auswertung ergibt die von
W. Wunderlich [2], S. 81, auf demselben Weg hergeleitete „natürliche Differentialgleichung" der Pseudogeodätischen auf Kegelflächen:

$$\varkappa_2'' - 3\cotg\varphi \cdot \tau\,\varkappa_2' = \cotg\varphi\,(\varkappa' - \cotg\varphi \cdot \varkappa \cdot \tau)\,[\varkappa_2^2 + \sin^2\varphi]. \qquad (14\,\mathrm{b})$$

4.

In Abschnitt 2 haben wir gefunden, daß alle von einem Punkt P der Grundkurve k ausstrahlenden Erzeugenden e_s der pseudorektifizierenden Torsen von k auf einen orthogonalen Kegel liegen. Wir wollen nun die von den zugehörigen Gratpunkten G_s gebildete Kurve p_s untersuchen. Die Kurve ist nach (4) und (12) durch

$$\mathfrak{y}(\varphi) = \lambda(\varphi)\left[\mathfrak{t} + \frac{\varkappa}{\tau}\sin\varphi\,(\cos\varphi\cdot\mathfrak{h} + \sin\varphi\cdot\mathfrak{b})\right] \qquad (16)$$

$$\text{mit } \lambda(\varphi) = \frac{\varkappa_2\cdot\sin\varphi}{\varkappa\cos\varphi\,(\varkappa_2^2 + \sin^2\varphi) - \varkappa_2'\sin\varphi}$$

festgelegt. In homogenen Koordinaten $(y_0:y_1:y_2:y_3)$ ergibt dies folgende auf den Parameter

$$\cotg\varphi = t \qquad (17^*)$$

bezogene Darstellung von p_s:

Somit gilt: $\begin{cases} y_0 = \varkappa\,t\,[\varkappa_2^2(1+t^2)+1] - \varkappa_2'(1+t^2) \\ y_1 = \varkappa_2\,(1+t^2) \\ y_2 = t \\ y_3 = 1 \end{cases} \qquad (17)$

Betrachtet man die von einem beliebigen Punkt P der Grundkurve k ausstrahlenden Erzeugenden e_s ihrer pseudorektifizierenden Torsen $\Gamma\varphi$, so bilden die zugehörigen Gratpunkte die durch (17) dargestellte Raumkubik p_s.

Für Böschungslinien gilt wegen $\varkappa_2' = 0$:

$$\begin{cases} y_0 = \varkappa t [\varkappa_2{}^2 (1 + t^2) + 1] \\ y_1 = \varkappa_2 (1 + t^2) \\ y_2 = t \\ y_3 = 1 \end{cases} \qquad (17\text{a})$$

Durch (17 a) ist ein aufrechter kubischer Kreis bestimmt, dessen Fernpunkte durch:

$0 : \varkappa_2 : 0 : 1 \ldots$ **Fernpunkte in der Richtung des Darbouxschen Vektors von** k.

$0 : 1 : \pm i \sqrt{1 + \varkappa_2{}^2} : -\varkappa_2 \ldots$ **isotrope Punkte, der zum Darbouxschen Vektor normalen Stellung**

(18)

gegeben sind. Bei einer beliebigen Grundkurve k liegen die Kuspidalpunkte G_{1s} der Bahnstrahlflächen $\Phi(e_s)$, die von der durch P gehenden Erzeugenden e_s vermöge der Dreikantbewegung T beschrieben werden, auf dem durch (17 a) dargestellten kubischen Kreis p_{1s}. Daß die Kuspidalpunkte auf dem durch (8) dargestellten orthogonalen Kegel einen aufrechten kubischen Kreis bilden, spiegelt eine bekannte Eigenschaft des Schraubtangentenkomplexes wider. Alle durch einen Punkt gehenden Schraubtangenten liegen nämlich auf einem orthogonalen Kegel, ihre Berührungspunkte mit den von ihnen umhüllten Schraublinien bilden bekanntlich auf diesem Kegel einen aufrechten kubischen Kreis, dessen Asymptote parallel zur Schraubachse ist (vgl. [7], S. 116). Die Erzeugenden e_s der pseudorektifizierenden Torsen liegen als Bahntangenten der Dreibeinbewegung $\mathfrak{T}$ im Tangentenkomplex der berührenden Schraubung $\mathfrak{S}(s)$ und ihre Kuspidalpunkte auf ihren Bahnstrahlflächen $\Phi(e_s)$ stimmen mit den Berührungspunkten der von ihnen vermöge $\mathfrak{T}$ umhüllten Schraublinien überein.

Ein Vergleich von (17) und (17a) lehrt, **daß die zu einer bestimmten Lage des begleitenden Dreibeins** $\mathfrak{D}(s)$ **gehörende Raumkubik** p_s **(der Gratpunkte** G_s**) in den kubischen Kreis** p_{1s} **(der Kuspidalpunkte** G_{1s}**) durch die lineare Transformation**

$$\begin{cases} z_0 = y_0 + \varkappa_2' \dfrac{y_1}{\varkappa_2} \\ z_i = y_i \quad i = 1, 2, 3 \end{cases} \tag{19}$$

übergeht. (19) stellt eine Zentralkollineation mit dem Zentrum im Scheitel $P(1:0:0:0)$ des begleitenden Dreikants und der Fixebene $y_1 = 0$ dar. Die Charakteristik der Zentralkollineation hat somit den Wert

$$\vartheta = +1. \tag{20}$$

Die Verschwindungsebene n ist als Bild von $y_0 = 0$ durch

$$\varkappa_2 z_0 = \varkappa_2' z_1 \tag{21}$$

gegeben. Die Art der Kurve p_s hängt von der Realität der Schnittpunkte von p_{1s} mit der Ebene η ab. Die Parameterwerte für die Fernpunkte von p_s sind durch

$$\varkappa t [(1 + t^2) \varkappa_2^2 + 1] - \varkappa_2' (1 + t^2) = 0 \tag{22}$$

gegeben.

5.

Das begleitende Dreikant der gegebenen Kurve k geht in das einer ihrer pseudorektifizierenden Torsen Γ_φ über, indem

α) die Schmiegebenen σ von k um die Tangente t von k durch den Winkel φ gedreht, ferner

β) die Tangente t von k in der neuen Lage τ der Schmiegebene durch den Winkel ψ gedreht und schließlich

γ) der Punkt P von k auf der neuen Lage e_s der Tangente um die Strecke d verschoben wird. Dabei sind ψ und d mit ihren Vorzeichen durch (10) bzw. (13) bestimmt.

Für die Richtungen der Kanten des begleitenden Dreibeins der Gratlinie von Γ_φ ergibt sich unter Verwendung von (4)

$$\begin{cases} \mathfrak{E} = \mathfrak{t} + \dfrac{\varkappa}{\tau} \sin \varphi \cdot \mathfrak{N}^*, \quad \mathfrak{N}^* = \cos \varphi \cdot \mathfrak{h} + \sin \varphi \cdot \mathfrak{b} \\ \mathfrak{H} = \mathfrak{N}^* - \dfrac{\varkappa}{\tau} \sin \varphi \cdot \mathfrak{t} \\ \mathfrak{N} = -\sin \varphi \cdot \mathfrak{h} + \cos \varphi \cdot \mathfrak{b}, \end{cases} \tag{23}$$

wobei für die Beträge der in (23) verwendeten Dreibeinvektoren

$$\begin{cases} |\mathfrak{E}| = |\mathfrak{H}| = \sqrt{1 + \left(\frac{\varkappa}{\tau}\right)^2 \sin^2 \varphi} \\ |\mathfrak{N}| = 1 \end{cases} \qquad (24)$$

gilt.

Wir betrachten die von einem Punkt P der Grundkurve k ausstrahlenden Erzeugenden e_s der pseudorektifizierenden Torsen Γ_φ von k — sie bilden den durch (8) dargestellten orthogonalen Kegel — und ferner die auf diesen Erzeugenden liegenden Gratpunkte G_s dieser Torsen — sie liegen auf der durch (17) erfaßten Kubik p_s — und wollen nun die von den Punkten G_s und p_s ausgehenden Haupt- und Binormalen der pseudorektifizierenden Torsen Γ_φ von k untersuchen.

5 a.

Die Hauptnormalen h_φ treffen die Ferngerade m der zum Darbouxschen Vektor von k normalen Stellung

$$x_0 : x_1 : x_2 : x_3 = 0 : 1 : t \varkappa_2 : \varkappa_2, \qquad (25)$$

wobei der Parameter t durch

$$\cotg \varphi = t \qquad (26)$$

bestimmt ist. Die Hauptnormalen h_φ verbinden also Punkte gleichen Parameterwertes von m und p_s. Die von ihnen erzeugte rationale Strahlfläche Ψ_h ist von 4. Ordnung und hat in Plückerkoordinaten die Parameterdarstellung

$$p_1 : p_2 : p_3 : p_4 : p_5 : p_6 = -A : \varkappa_2 t A : \varkappa_2' A : 0 : -B : t B \qquad (27)$$

mit $A = \varkappa t [\varkappa_2^2 (1 + t^2) + 1] - \varkappa_2' (1 + t^2)$ und $B = 1 + \varkappa_2^2 (1 + t^2)$. Daraus ist ersichtlich, daß Ψ_h im hyperbolischen Netz mit den Brennlinien m und t (t = Tangente der Grundkurve k) liegt. Bezieht man die Tangente t der Grundkurve k durch die Darstellung

$$x_0 : x_1 : x_2 : x_3 = 1 : u : 0 : 0 \qquad (28)$$

auf einen Parameter u, so erhält man die durch die Erzeugenden der Strahlfläche Ψ_h vermittelte Korrespondenz zwischen den Punkten von m und t durch die Relation

$$[1 + \varkappa_2^2 (1 + t^2)] [\varkappa_2 \varkappa, t u - 1] - \varkappa_2 \varkappa \varkappa_2' u (1 + t^2) = 0. \qquad (29)$$

Man erkennt, daß m einfache und t dreifache Leitlinie von Ψ_h ist. Die Strahlfläche Ψ_h ist nach der Sturmschen Einteilung vom X. Typus ([8], S. 269). Ihre Doppelkurve reduziert sich auf die dreifach zu zählende Gerade t, ihre Doppeltorse ist das dreifach zu zählende Ebenenbüschel mit der Achse m. Die kartesische Gleichung von Ψ_h lautet in einem durch das begleitende Dreibein von k bestimmten Koordinatensystem:

$$(x_2{}^2 + x_3{}^2)\,[(\varkappa_2\,x_1 + x_3)\,(\tau\,\varkappa_2\,x_2 - \varkappa_2{}'\,x_3) - \varkappa_2{}^2\,x_0\,x_3] +$$
$$+ \varkappa\,x_2\,x_3{}^2\,(\varkappa_2\,x_1 + x_3) - x_0\,x_3{}^3 = 0. \qquad (30)$$

Somit gilt:

Die hier betrachtete Strahlfläche ist ein rationales Konoid 4. Ordnung der X. Sturmschen Art, dessen dreifache Leitlinie die Tangente t der Grundkurve k ist und dessen dreifache Tangentialebenen auf dem Darbouxschen Vektor der Grundkurve k normal stehen.

Für den Fall, daß die zugrunde gelegte Kurve k eine Böschungslinie ist, zerfällt Ψ_h in ein Paraboloid

$$\tau\,x_1\,x_2 + \varkappa\,x_2\,x_3 - x_0\,x_3 = 0 \qquad (30\,\text{a})$$

und in zwei isotrope Strahlbüschel, die in den konjugiert-komplexen Ebenen

$$y_3\,\sqrt{1 + \varkappa_2{}^2} = \pm\,i\,\varkappa_2\,y_2 \qquad (30\,\text{b})$$

liegen.

5 b.

Die Binormalen n_φ treffen die Ferngerade l der Normalebene von k

$$x_0 : x_1 : x_2 : x_3 = 0 : 0 : 1 : -t, \qquad (31)$$

wobei der Parameter durch (26) gegeben ist. Die Binormalen verbinden demnach jene Punkte von l und p_s, die zum selben Parameterwert gehören. In Plückerkoordinaten hat die von den Binormalen n_φ erzeugte Strahlfläche Ψ_n die Parameterdarstellung:

$$p_1 : p_2 : p_3 : p_4 : p_5 : p_6 = 0 : A : -At : -C : \varkappa_2 t C : \varkappa_2 C$$

mit A gemäß (27) und $C = 1 + t^2$. $\qquad (32)$

Sie liegt im hyperbolischen Netz mit den Brennlinien l und

$$r \ldots x_0 : x_1 : x_2 : x_3 = 1 : v\tau : 0 : v\varkappa. \tag{33}$$

Dabei ist r die Erzeugende der rektifizierenden Torse $\Gamma_{\pi/2}$ von k. Bezieht man r auf die Parameterdarstellung (33), so ist die durch die Erzeugenden von Ψ_n verursachte Korrespondenz zwischen den Punkten von l und r durch die Beziehung:

$$v \varkappa \{\varkappa t [\varkappa_2^2 (1 + t^2) + 1]\} - (\varkappa_2' \varkappa v + 1)(1 + t^2) = 0 \tag{34}$$

gegeben. Man ersieht daraus, daß l einfache und r dreifache Leitlinie von Ψ_n ist. Wie im Fall von Ψ_h folgt nun, daß Ψ_n der X. Sturmschen Art ist ([8], S. 269). Ihre kartesische Gleichung lautet in einem durch das begleitende Dreibein $\mathfrak{D}(s)$ von k bestimmten Koordinatensystem:

$$[x_2^2 + (x_1 - \varkappa_2 x_3)^2] \{\tau \varkappa_2 x_1 (x_1 - \varkappa_2 x_3) - \varkappa_2' x_0 x_2 - \varkappa_2 x_0 x_2\} +$$
$$+ \varkappa x_1 x_2^2 (x_1 - \varkappa_2 x_3) = 0. \tag{35}$$

Das Ergebnis lautet:

Die von den Binormalen n_φ gebildete Strahlfläche Ψ_n ist ein rationales Konoid 4. Ordnung der X. Sturmschen Art, dessen dreifache Leitgerade die Erzeugende der rektifizierenden Torse von k ist und dessen dreifache Tangentialebenen normal auf die Tangente t von k stehen.

Durch die vorausgegangenen Untersuchungen haben wir festgestellt, daß die zu einem Punkt P der Ausgangskurve k gehörenden Gratpunkte, Erzeugenden, Haupt- und Binormalen der pseudorektifizierenden Torsen von k algebraische Kurven bzw. Strahlflächen von überraschend niedriger Ordnung bilden. Diese Tatsache ist keineswegs selbstverständlich.

6.

Die geodätische Krümmung von k auf ihrer pseudorektifizierenden Torse Γ_φ beträgt

$$\varkappa_g = \varkappa \cdot \cos \varphi. \tag{36}$$

Durch (36) ist die natürliche Gleichung der mit Γ_φ abgewickelten Kurve k gegeben, die wir mit k_φ bezeichnen. Da auf Γ_φ die Größe $\cos \varphi$ konstant ist, **haben die Kurven k_φ untereinander mit**

Ausnahme von $k_{\pi/2}{}^1$ in entsprechenden Punkten proportionale Krümmungen[2]. Die natürliche Gleichung der Kurve k_φ lautet nach einer Streckung mit dem Faktor $\cos \varphi$

$$\varkappa_g = \varkappa. \qquad (37)$$

Aus Formel (10) folgt weiters, daß die Tangenswerte der Schnittwinkel ψ der Erzeugenden e_s der pseudorektifizierenden Torsen Γ_φ mit der Kurventangente t sich proportional zu $\sin \varphi$ ändern. Legen wir also die Kurven k_φ nach der Maßstabsänderung so übereinander, daß sie sich in einem entsprechenden Punkt P_v berühren, so bilden die Abwicklungen der Erzeugenden e_s in jedem Punkt P_v von k_φ projektive Strahlbüschel. In diesen Projektivitäten entsprechen sich die Tangenten sowie die Erzeugenden der rektifizierenden Torsen untereinander. Nur die Geraden zwischen der Tangente an k_φ und der Erzeugenden der rektifizierenden Torsen kommen hiebei als Erzeugende von pseudorektifizierenden Torsen in Frage.

Es sei noch festgestellt, daß bei den windschiefen Kreisen (und nur bei diesen) die Kurven k_φ Kreise sind, deren Radien durch

$$r_\varphi = \frac{1}{\varkappa \cos \varphi} \qquad (38)$$

gegeben sind.

Es ist mir eine angenehme Pflicht, Herrn Professor Dr. J. Krames für die Förderung der vorliegenden Arbeit meinen ergebendsten Dank zu übermitteln.

Literaturverzeichnis

[1] Wunderlich, W.: Pseudogeodätische Linien auf Zylinderflächen. Sitzber. Akad. Wiss. Wien, math.-nat. Kl. II a, Bd. 158/1950, S. 61—73.

[2] — Pseudogeodätische Linien auf Kegelflächen. Sitzber. Akad. Wiss. Wien, math.-nat. Kl. II a, Bd. 158/1950, S. 75—105.

[3] Cesàro, E.: Vorlesungen über natürliche Geometrie, 2. Aufl., S. 189—192. Teubner, Leipzig-Berlin, 1926.

---

[1] $\varphi = \pi/2$ führt auf die rektifizierende Torse. $k_{\pi/2}$ ist eine Gerade.

[2] Eine m-fache Streckung führt das Bogendifferential ds in $m ds$ und damit die Krümmung $\varkappa = \dfrac{d\alpha}{do}$ in $\dfrac{\varkappa}{m}$ über.

[4] Salkowski, E.: Die Cesàroschen Kurven. Sitzber. Akad. Wiss. München, 1911, S. 523—537.
[5] Brauner, H.: Eine Verallgemeinerung des Problems der Cesàrokurven. Math. Annalen Bd. 138/1959, S. 27—41.
[6] Appell, P.: Sur une propriété caractéristique des hélices. Arch. Math. Phys. (1) Bd. 64, S. 19—23, 18 79; vgl. hiezu:
  Blaschke, W.: Vorlesungen über Differentialgeometrie I, 3. Aufl., S. 277. J. Springer, Berlin 1930.
[7] Schoenflies, A.: Geometrie der Bewegung in synthetischer Darstellung, Teubner, Leipzig 1886.
[8] Müller, E., J. Krames: Vorlesungen über Darstellende Geometrie. Bd. 3: Konstruktive Behandlung der Regelflächen. Deuticke, Leipzig und Wien, 1931.

Die in den Sitzungsberichten Abt. I und Abt. II der math.-nat. Klasse der Österr. Akad. d. Wiss. erscheinenden Abhandlungen werden auch einzeln abgegeben. Sie können durch jede Buchhandlung oder direkt durch die Auslieferungsstelle der Österreichischen Akademie der Wissenschaften (Wien I, Singerstraße 12) bezogen werden.

Nachfolgende Abhandlungen aus den Fächern **Meteorologie** und **Geophysik** sind erschienen:

1951 (S IIa, Bd. 160):

Hoinkes H.: Über Nordföhnerscheinungen nördlich des Alpenhauptkammes (mit 13 Abbildungen), 23 Seiten. S 7.—

1952 (S IIa, Bd. 161):

Untersteiner N.: Über Schwankungen der barometrischen Mitteltemperatur an einem tropischen Stationspaar (mit 2 Abbildungen), 11 Seiten. S 9.—

1953 (S IIa, Bd. 162):

Schwarzacher W., Untersteiner N.: Zum Problem der Bänderung der Gletschereises (mit 14 Abbildungen). S 23.40

1955 (S II, Bd. 164):

Ambach W.: Über die Strahlungsdurchlässigkeit des Gletschereises (mit 4 Abbildungen). S 7.—
Dirmhirn Inge: Über Strahlungsmessungen auf einer Reise durch Norwegen (mit 2 Abbildungen). S 12.50

GPSR Compliance

The European Union's (EU) General Product Safety Regulation (GPSR) is a set of rules that requires consumer products to be safe and our obligations to ensure this.

If you have any concerns about our products, you can contact us on

ProductSafety@springernature.com

In case Publisher is established outside the EU, the EU authorized representative is:

Springer Nature Customer Service Center GmbH
Europaplatz 3
69115 Heidelberg, Germany

www.ingramcontent.com/pod-product-compliance
Ingram Content Group UK Ltd.
Pitfield, Milton Keynes, MK11 3LW, UK
UKHW022234230426

12048UKWH00017BA/1250